ISBN 978-3-662-23649-9   ISBN 978-3-662-25733-3 (eBook)
DOI 10.1007/978-3-662-25733-3

Die in den Sitzungsberichten Abt. I und Abt. II der math.-nat. Klasse der Österr. Akad. d. Wiss. erscheinenden Abhandlungen werden auch einzeln abgegeben. Sie können durch jede Buchhandlung oder direkt durch die Auslieferungsstelle der Österreichischen Akademie der Wissenschaften (Wien I, Singerstraße 12) bezogen werden.

Nachfolgende Abhandlungen aus den Fächern **Mathematik** und **Technik** sind erschienen:

1950 (1950) (S II a, Bd. 159):

Hohenberg F.: Zur Geometrie des Funkmeßbildes (mit 2 Abbildungen). 14 Seiten. S 12.40
Jarosch W.: Matrizenbänder, 14 Seiten. S 5.20
Schmid H.: Fehlertheorie der gegenseitigen Orientierung von Luftbildern und Zugrundelegung eines Orientierungspunktgitters (mit 13 Abbildungen), 31 Seiten. S 28.40

1951 (S II a, Bd. 160):

Hohenberg F.: Komplexe Erweiterung der gewöhnlichen Schraubenlinie (mit 1 Abbildung), 14 Seiten. S 7.80
Huber A.: Das Verhalten der Integrale der Gibbs-Duhem-Margules'schen Gleichung für binäre Gemische in der Umgebung ihrer festen singulären Stellen (mit 3 Abbildungen), 16 Seiten. S 10.50
Krames J.: Zur Geometrie der gegenseitigen Einpassung von Luftaufnahmen (mit 4 Abbildungen), 15 Seiten. S 7.—
Parkus H.: Wärmespannungen in Rotationsschalen mit drehsymmetrischer Temperaturverteilung (mit 1 Abbildung), 13 Seiten. S 7.50
Ströher W.: Zur projektiven Differentialgeometrie ebener Kurven, 8 Seiten. S 6.—
Wunderlich W.: Zur Differenzengeometrie der Flächen konstanter negativer Krümmung (mit 8 Abbildungen), 38 Seiten. S 16.—

1952 (S II a, Bd. 161):

Federhofer K.: Über die Eigenschwingungen der Kreiszylinderschale mit veränderlicher Wandstärke 16 Seiten. S 14.80

1953 (S II a, Bd. 162):

Nöbauer W.: Über Gruppen von Restklassen nach Restpolynomidealen. S 19.40
Vietoris L.: Der Richtungsfehler einer durch das Adamssche Interpolationsverfahren gewonnenen Näherungslösung einer Gleichung $y' = f(x, y)$. S 8.80
Vietoris L.: Der Richtungsfehler einer durch das Adamssche Interpolationsverfahren gewonnenen Näherungslösung eines Systems von Gleichungen $y' = f_k(x, y_1, y_2 \ldots y_m)$. S 8.80
Wunderlich W.: Über die ebenen Loxodromen (mit 2 Abbildungen). S 6.30

1954 (S II, Bd. 163):

Federhofer K.: Die durch pulsierende Axialkräfte gedrückte Kreiszylinderschale. S 13.40
Raher W. und Selig F.: Die Verwendung der Motorsymbolik in der theoretischen Mechanik S 17.80

1955 (S IIa, Bd. 164):

Federhofer K.: Zur Kinematik des Schleifkurvengetriebes (mit 5 Abbildungen). S 11.—
Ströher W.: Über einen gewissen Typus von Differentialinvarianten der projektiven und der apollonischen Gruppe der Ebene. S 28.40
Wunderlich W.: Doppelloxodromen mit schneidendem Achsenpaar (mit 6 Abbildungen). S 22.50

Geometrie auf der Cayleyschen Fläche

Von

Heinrich Brauner

(Stuttgart[1])

(Vorgelegt in der Sitzung am 18. Juni 1964)

S. Lie [16, S. 448] hat 1895 alle Flächen im reellen dreidimensionalen projektiven Raum bestimmt, die eine mindestens dreigliedrige (kontinuierliche) Gruppe projektiver Automorphien gestatten. Sieht man von der Ebene und gewissen abwickelbaren Flächen ab, so ergeben sich nur die Flächen 2. Grades mit einer sechsgliedrigen und die Cayleyschen Strahlflächen 3. Grades mit einer dreigliedrigen projektiven Automorphiengruppe[2]. Diese Gruppen operieren auf den Flächen mehrfach transitiv und induzieren auf ihnen eine Geometrie, in der zwei Figuren kongruent heißen, wenn sie durch eine projektive Automorphie der Fläche ineinander übergehen. Im Falle einer Quadrik besteht die Gruppe aus nichteuklidischen Bewegungen in einem projektiven Cayley-Kleinschen Modell mit der Fixquadrik als Maßfläche. Führt man diese durch eine unter Umständen imaginäre Kollineation in eine einteilige Kugel Ω über, so geht bei stereographischer Projektion von Ω die auf Ω induzierte Geometrie in die Möbiussche Kreisgeometrie der Bildebene über. Während also die auf der Fixquadrik herrschende Geometrie ausführlich bekannt ist, wurde die auf der Cayleyschen Fläche 3. Grades durch die projektiven Automorphien bestimmte Geometrie bisher nicht systematisch untersucht. Lediglich in einer Arbeit von K. Strubecker [29, S. 385] erscheint im Rahmen von Untersuchungen über die Blaschke-

---

[1] Erweiterte Fassung eines vor der Österreichischen Mathematischen Gesellschaft am 24. April 1964 in Wien gehaltenen Vortrags.

[2] Bereits 1882 beschäftigte S. Lie dieses Problem, doch hatte er in [13] die Cayleyschen Flächen zuerst übersehen und 1884 dieses Versehen bemerkt (vgl. [17, Anm. von F. Engel, S. 639]).

Grünwaldsche kinematische Abbildung die Aussage, daß bei einer geeigneten kinematischen Abbildung die Automorphiengruppe einer Cayleyschen Fläche übergeht in eine dreigliedrige Gruppe Liescher Kreisverwandtschaften, welche das Feld orientierter Linienelemente auf den Tangentenspeeren eines gewissen Laguerrezykels 3. Klasse in sich transformieren.

Wenn auch im Folgenden eine affine Sonderform der Cayleyschen Fläche zugrundegelegt wurde, so können doch alle Sätze leicht projektiv invariant formuliert werden. Zunächst stellen wir die Gruppe G_3 ihrer Automorphien auf, wobei sich Gelegenheit ergibt, auf eine Reihe von Arbeiten hinzuweisen, die sich mit Untergruppen von G_3 beschäftigen. Aus der Struktur von G_3 erhält man zwingend jene Flächenkurven, die als Geraden der induzierten Geometrie aufzufassen sind, und es zeigt sich, daß diese Geometrie bis auf die Kongruenzaxiome alle Axiome einer ebenen euklidischen Geometrie erfüllt. Durch Ausnützung einer kubischen Automorphie der Fläche nimmt G_3 eine besonders einfache Gestalt an, welche die auf der Fläche herrschende Geometrie als Sonderfall einerseits der ebenen isotropen Geometrie und andererseits der ebenen pseudoeuklischen Geometrie erkennen läßt. Daraus folgt eine einfache Deutung der Gruppe G_3 in einem isotropen Raum.

Die Geometrie auf der Cayleyschen Fläche wird durch ihre Differentialinvarianten beherrscht. Die Längen- und Winkelmessung werden definiert, das Analogon zu den Abstandskreisen und Krümmungskreisen sowie elementare Kreiseigenschaften und durch einfache natürliche Gleichungen bestimmte Flächenkurven untersucht. Schließlich wird noch auf die Möbiusgeometrie auf der Cayleyschen Fläche hingewiesen.

1. Die Gruppe der projektiven Automorphien und ihre Untergruppen

1.1. In einem kartesischen Koordinatensystem $1:x:y:z = x_0:x_1:x_2:x_3$ ist die kubische Parabel c_0

$$x = u, \; y = \frac{1}{2} u^2, \; z = \frac{1}{6} u^3 \tag{1}$$

gegeben, die im Fernpunkt U der z-Achse die Fernebene ω oskuliert und in ihr den Schmiegkegelschnitt

$$x_0 = 2\,x_1\,x_3 - x_2{}^2 = 0 \tag{2}$$

besitzt. Der Parameter u bedeutet dabei den vom Ursprung gezählten Affinbogen von c_0 im Sinne der Gruppe der volumstreuen Affinitäten (vgl. [2, S. 72]). Alle Schmiegstrahlen von c_0 liegen in einem Gewinde, dessen Gleichung in homogenen Plückerkoordinaten p_i lautet:

$$p_3 - p_6 = 0; \tag{3}$$

jene Schmiegstrahlen, welche die Tangente $t\ (x_0 = x_1 = 0)$ von c_0 im Fernpunkt U treffen, erfüllen die *Cayleysche Strahlfläche 3. Grades F*

$$p_1: \ldots : p_6 = 0 : 1 : u : \frac{1}{3}\,u^3 : -u^2 : u \tag{4}$$

mit der Gleichung

$$3\,z = 3\,xy - x^3. \tag{5}$$

Sie besitzt U als Kuspidalpunkt, t als Ferntorsallinie 2. Ordnung und ω als Torsalebene[3]. Ihre ∞^1 (krummlinigen) Schmieglinien sind die kubischen Parabeln c_α

$$x = u,\ y = \frac{1}{2}(u^2 + \alpha),\ z = \frac{1}{6}(u^3 + 3\,\alpha\,u), \tag{6}$$

die sich in U vierpunktig berühren[4]. Wir verstehen im Folgenden unter Schmieglinie stets eine krummlinige Schmieglinie und unter Schmiegtangente eine Tangente an eine solche. Auf jeder Kubik c_α ist u Affinbogen; alle Schmiegstrahlen von c_α liegen im Gewinde

$$p_3 - p_6 = \alpha\,p_1. \tag{7}$$

Variiert α, so erhält man ein Gewindebüschel durch das parabolische Netz

---

[3] Die Cayleyschen Flächen sind ausführlich in [20, S. 183ff., S. 227ff.] besprochen. Speziell die Normalform (5) tritt bei W. Wunderlich [32, S. 120] für $p = 1$ auf. Sie gehört zu jenen Cayleyschen Flächen, die die Fernebene als Torsalebene besitzen und bezüglich einer Erzeugenden orthogonal symmetrisch sind; Flächen dieser Art untersuchte J. Krames [11]. Die Fläche F ist in [11, S. 240] für $a = C = 3:2$ (nach Vertauschung der x- und y-Achse) enthalten.

[4] Die unrichtige Behauptung von H. Neudorfer, daß in U eine fünfpunktige Berührung vorliegt [21, S. 209], findet sich auch in [20, S. 232] und [24, S. 80] und wurde von W. Wunderlich [32, S. 114] richtiggestellt.

$$p_1 = p_3 - p_6 = 0, \tag{8}$$

welches durch die Berührkorrelation von F längs der Leitgeraden t bestimmt ist.

Die Fläche F gestattet eine *dreigliedrige Gruppe G_3 projektiver Automorphien* [15, S. 195], die für die Normalform (5) sämtlich Affinitäten sind mit der Darstellung:

$$\begin{aligned}\bar{x} &= a_0 + a_1 x \\ \bar{y} &= b_0 + a_0 a_1 x + a_1^2 y \qquad (a_1 \neq 0) \\ \bar{z} &= \left(a_0 b_0 - \frac{1}{3} a_0^3\right) + a_1 b_0 x + a_0 a_1^2 y + a_1^3 z.\end{aligned} \tag{9}$$

Die Gruppe G_3 ist einfach transitiv und F im Endlichen das einzige invariante Gebilde; die Punkte auf F können sich vermöge G_3 frei bewegen. Außer F bleibt die Fernebene ω als Ganzes fest, in ihr die Gerade t und der Punkt U (vgl. [14, S. 418]).

1.2. Auf F gehen ∞^3 (nicht ebene) Kubiken $c_{\alpha\beta\gamma}$ durch den Kuspidalpunkt U; sie berühren in U die Torsallinie t, oskulieren die Ferntorsalebene ω und besitzen eine Parameterdarstellung der Form:

$$x = u - \gamma,\ y = \frac{1}{\beta}(u^2 + \alpha),\ z = \frac{u-\gamma}{3\beta}[3(u^2+\alpha) - \beta(u-\gamma)^2]. \tag{10}$$

Der Sehnenkegel mit der Spitze U ist der erstprojizierende parabolische Zylinder

$$\beta y = (x+\gamma)^2 + \alpha \tag{11}$$

und die Kubiken $c_{\alpha\beta\gamma}$ sind daher eineindeutig auf die geordneten Tripel (α, β, γ) bezogen. Je zwei solche Kubiken $c_{\alpha\beta\gamma}$ und $c_{\alpha_1\beta_1\gamma_1}$ oskulieren sogar einander in U, wenn $\beta = \beta_1$ gilt[5] und sie hyperoskulieren einander für $\beta = \beta_1$, $\gamma = \gamma_1$. Zwei Kubiken dieser Art, die einander in U min-

---

[5] Daß zwei Flächenkurven durch einen Flächenpunkt P mit dort gemeinsamer Tangente und Schmiegebene einander in P oskulieren, stimmt nur, wenn die gemeinsame Schmiegebene von der Flächentangentialebene verschieden ist. Im anderen Fall folgt aus einer Formel von O. Bonnet [5], daß Oskulation genau dann vorliegt, wenn die Torsionen der beiden Flächenkurven in P übereinstimmen. Da bei uns der gemeinsame Punkt der Fernpunkt U ist, muß der Grenzwert des Quotienten der Torsionen für $u \to \infty$ gegen eins streben.

destens fünfpunktig berühren, sind identisch. Eine Transformation aus G_3 führt jede Kubik $c_{\alpha\beta\gamma}$ über in eine Kubik $c_{\bar\alpha\bar\beta\bar\gamma}$ der gleichen Art, wobei gilt:

$$\bar\beta = \beta,\ \bar\gamma = a_0 \frac{\beta-2}{2} + a_1 \gamma, \bar\alpha = a_0^2 \frac{\beta^2}{4} + a_0 a_1 \beta\gamma + a_1^2 \alpha - b_0 \beta. \quad (12)$$

Wegen $\bar\beta = \beta$ oskuliert jede Kubik $c_{\alpha\beta\gamma}$ ihre Bildkubik $c_{\bar\alpha\bar\beta\bar\gamma}$ in U. Speziell die Gesamtheit der Schmieglinien $c_{\alpha 20} \equiv c_\alpha$ geht in sich über. Aus (12) folgt, daß bei jeder Transformation aus G_3 mit $a_1^2 \neq 1$ genau eine Schmieglinie, nämlich

$$\alpha = (a_0^2 - 2b_0):(1 - a_1^2),\ \beta = 2,\ \gamma = 0 \quad (13)$$

als Ganzes festbleibt, während für $a_1^2 = 1$, $b_0 \neq a_0^2:2$ keine und für $a_1^2 = 1$, $b_0 = a_0^2:2$ jede Schmieglinie in sich transformiert wird. Zusammenfassend ergibt sich:

Satz 1: *Die Gruppe G_3 operiert mehrfach transitiv und imprimitiv auf F. Sie läßt außer der Schar der Schmieglinien und der Schar der Erzeugenden auch die Gesamtheit der ∞^3 (nicht ebenen) Kubiken auf F durch U fest, wobei jede solche Kubik ihre Bildkubiken in U oskuliert.*

1.3. Die Gruppe G_3 besitzt drei unabhängige infinitesimale Transformationen, deren Symbole unter Verwendung von $\frac{\delta f}{\delta x} = p$, $\frac{\delta f}{\delta y} = q$, $\frac{\delta f}{\delta z} = r$ lauten:

$$U_1 f = q + xr,\ U_2 f = p + xq + yr,\ U_3 f = xp + 2yq + 3zr, \quad (14)$$

wobei für die Poissonschen Klammern $(U_i U_k) = U_i(U_k) - U_k(U_i)$ die Formeln gelten:

$$(U_1 U_2) = 0,\ (U_1 U_3) = 2 U_1,\ (U_2 U_3) = U_2. \quad (15)$$

Entsprechend erhält man drei Typen *eingliedriger Untergruppen* von G_3 (vgl. auch [29, S. 382ff.]):

a) Das Liesche Symbol U_1 führt auf die eingliedrige Untergruppe von G_3 mit $a_0 = 0$, $a_1 = 1$ in (9). Diese ∞^1 Kollineationen sind volumstreue Affinitäten mit der Segreschen Charakteristik [(22)]; diese „parabolischen Schiebungen" lassen die Ferntorsallinie t punkt- und ebenen-

weise und alle Strahlen des parabolischen Netzes (8) strahlweise fest.
b) Zu U_2 gehört die Untergruppe volumstreuer Affinitäten mit $a_1 = 1$, $b_0 = a_0^2:2$. Diese ∞^1 Kollineationen haben die Charakteristik [4]; sie besitzen U als einzigen Fixpunkt, t als einzige Fixgerade und die Fernebene ω als einzige Fixebene. Die Schmieglinien c_α sind die Bahnkurven auf der Fläche F; sie werden mit konstanter Affingeschwindigkeit durchlaufen, also so, daß zu gleichen Zeiten Bogen gleicher Affinlänge auf c_α gehören. W. Wunderlich nennt eingliedrige Kollineationsgruppen dieser Art affine Grenzschraubungen; die Cayleysche Fläche ist Wendelfläche dieser Grenzschraubung [32]. Daß jede Cayleysche Fläche eine solche Grenzschraubung zuläßt, kommt auch bei K. Strubecker [24, S. 80] vor.
c) Das Symbol U_3 ergibt die eingliedrige Untergruppe mit $a_0 = b_0 = 0$, deren Bahnkurven auf F die Kubiken $c_{0\beta0}$ sind; sämtliche ∞^2 Bahnkurven besitzen ein gemeinsames Schmiegtetraeder mit Ecken im Fernpunkt U und im Ursprung O. Dieses Schmiegtetraeder ist Fixtetraeder aller dieser Kollineationen von der Charakteristik [1111] und die Gruppe eine projektive Schraubungsgruppe. Die Bahnkurven werden mit exponentiell zunehmender Affingeschwindigkeit durchlaufen, wobei eine einzige Bahnkurve, nämlich $c_{020} = c_0$, eine Schmieglinie auf F ist. Unter den Bahnkurven auf F kommt außerdem die Erzeugende durch O vor und der Schnitt von F mit der Verbindungsebene von U und der Schmiegtangente durch O. Die Schnitte von F mit Ebenen durch U aber nicht durch t sind rationale Kubiken mit einer Spitze in U und uneigentlicher Spitzentangente, also ebene kubische Parabeln.

Durch Kombination dieser eingliedrigen Gruppen erhält man folgendes Ergebnis von K. Strubecker [24, S. 80]: *Jede Cayleysche Fläche gestattet ∞^2 eingliedrige projektive Schraubungsgruppen.*

1.4. Aus (14) erhält man unter Beachtung von (15) alle *zweigliedrigen Untergruppen* von G_3, von denen folgende Typen besonderes Interesse verdienen:

a) Der Keim U_1, U_3 führt auf eine zweigliedrige indefinite nichteuklidische Bewegungsgruppe, deren Transformationen in (9) durch $a_0 = 0$ gekennzeichnet sind. Die Erzeugenden von F berühren die Maßfläche $z - xy = 0$ längs t und sind daher im Sinne dieser Metrik isotrop. Die eingliedrigen Untergruppen $\lambda_1 U_1 + \lambda_3 U_3$ sind für $\lambda_3 \neq 0$ nichteuklidische Schraubungen, deren Bahnkurven auf F Kubiken $c_{\alpha\beta\gamma}$ mit $\alpha:\beta = -\lambda_1:2\lambda_3$, $\gamma = 0$ sind, wozu in allen Schraubungen die in der y-Achse liegende Erzeugende zu den Bahnkurven zählt. *Die Cayleysche Fläche ist also auf ∞^1 Arten Schraubfläche eines bestimmten nichteuklidischen Raumes.* Diese zweigliedrige Untergruppe von G_3 kommt bei K. Strubecker [26, S. 58] vor; sie induziert auf F eine Geometrie, die bei nichteuklidischer Ausmessung pseudoeuklidisch ist. Die Cayleyschen Flächen stellen übrigens nur ein einfaches algebraisches Beispiel von Flächen mit einer zweigliedrigen nichteuklidischen Bewegungsgruppe dar; alle Flächen dieser Art hat K. Strubecker in [26] bestimmt.

b) Die zweigliedrige Untergruppe vom Keim U_2, U_3 ist eine pseudoeuklidische Ähnlichkeitsgruppe mit dem Maßkegelschnitt (2), deren Transformationen in (9) durch $b_0 = a_0^2:2$ gekennzeichnet sind und unter denen für $a_1 = 1$ pseudoeuklidische Bewegungen vorkommen. Ihre eingliedrigen Untergruppen $\lambda_2 U_2 + \lambda_3 U_3$ sind für $\lambda_3 \neq 0$ pseudoeuklidische Spiralungen, deren Bahnkurven auf F die ∞^1 Kubiken $c_{\alpha\beta\gamma}$ mit $\alpha = \gamma(\lambda_2 - \gamma\lambda_3)$, $\beta = 2(\lambda_2 - \gamma\lambda_3):\lambda_2$ sind; jede von ihnen schneidet alle Erzeugenden von F unter konstantem pseudoeuklidischen Winkel. Die eigentlichen Fixpunkte dieser ∞^1 Spiralungen erfüllen die Schmieglinie c_0, die im Sinne der pseudoeuklidischen Metrik isotrop ist, während die Spiralungsachsen in den Erzeugenden von F liegen. c_0 ist Bahn in allen ∞^1 Spiralungen. Für $\lambda_3 = 0$ liegt die pseudoeuklidische Grenzschraubung U_2 vor, deren Bahnkurven, die Schmieglinien c_α, die pseudoeuklidischen Orthogonaltrajektorien der Erzeugenden auf F sind, weshalb F eine Minimalfläche des pseudoeuklidischen Raumes abgibt (vgl. [32, S. 114]). Für $\lambda_2 = 0$ erhält man die nichteuklidische Schraubung U_3, die auch eine pseudoeuklidische Spiralung darstellt. *F gestattet also ∞^1 pseudoeuklidische Spiralungsgruppen* und diese Tatsache stellt das pseudoeuklidische Analogon zu einem Ergebnis von E. Study ([23, S. 18], [27, S. 149]) über die imaginäre Liesche Minimalfläche dar, welche im euklidischen Raum der Cayleyschen Fläche $\dot F$ entspricht. In einer gewissen kinematischen Abbildung mit (8) als Nebennetz geht diese zweigliedrige Untergruppe übrigens in eine zweigliedrige Gruppe Laguerrescher Kreisverwandtschaften über, welche einen Laguerrezykel 3. Klasse, das kinematische Bild der Schmieglinie c_0, festlassen (vgl. [29, S. 385]).

c) Für das Folgende ist die zweigliedrige Gruppe vom Keim U_1, U_2 von entscheidender Bedeutung, die nach (15) mit der ersten abgeleiteten Gruppe von G_3 übereinstimmt. Diese invariante Untergruppe G_2 ist wegen $(U_1 U_2) = 0$ kommutativ und besteht wegen $a_1 = 1$ aus den volumstreuen Affinitäten von G_3; die eingliedrige Faktorgruppe G_3/G_2 besitzt das Symbol U_3. Die eingliedrigen Untergruppen $\lambda_1 U_1 + \lambda_2 U_2$ von G_2 sind für $\lambda_2 \neq 0$ affine Grenzschraubungen. Bei jeder solchen Grenzschraubung geht das Netz (8) als Ganzes in sich über und in der Fernebene bleiben ∞^1 einander in U hyperoskulierende Kegelschnitte

$$x_0 = \lambda_2 (x_2^2 - 2 x_1 x_3) + 2 \lambda_1 x_1 x_2 + \Lambda x_1^2 = 0 \quad (\Lambda \text{ beliebig}) \quad (16)$$

einzeln fest. Die Bahnkurven auf F sind die ∞^1 in U einander hyperoskulierenden Kubiken $c_{\alpha \beta \gamma}$ mit $\beta = 2$, $\gamma = \lambda_1 : \lambda_2$. Speziell für $\lambda_1 = 0$ ist F Wendelfläche der zugehörigen Grenzschraubung U_2 und das Netz (8) ist das Achsennetz dieser Schraubung[6]. *Eine Cayleysche Fläche gestattet also sogar ∞^1 Grenzschraubungsgruppen und ist für eine davon Wendelfläche*[7]. Aus (12) folgt, daß für $\beta = 2$ die Bedingung $a_1 = 1$ die Gleichheit $\overline{\gamma} = \gamma$ nach sich zieht und das ergibt:

Satz 2: *Die erste abgeleitete Gruppe G_2 von G_3 ist jene zweigliedrige kommutative Untergruppe, welche die Gesamtheit der ∞^2 die Schmieglinien in U oskulierenden Kubiken $c_{\alpha 2 \gamma}$ auf F nur vertauscht und zwar so, daß jede Kubik dieser Art ihre Bildkubiken in U hyperoskuliert. Diese Kubiken sind neben den Erzeugenden und den Schmieglinien die auf F liegenden Bahnkurven der eingliedrigen Untergruppen von G_2, die außer den parabolischen Schiebungen sämtlich Grenzschraubungen mit dem Kuspidalelement als Fixelement sind.*

In der Gruppe G_3 ist für $a_1 = -1$, $b_0 = a_0^2 : 2$ eine einparametrige Schar *involutorischer Transformationen* enthalten, bei denen der Fernkegelschnitt (2) als Ganzes festbleibt und außerdem je eine Erzeugende Punktfixgerade ist. Die Fläche F ist also pseudoeuklidisch axial sym-

---

[6] W. Wunderlich spricht in [32] vom Normalennetz der Schraubung; wir ziehen die Bezeichnung Achsennetz vor, weil dieser Begriff projektiver und nicht metrischer Natur ist (vgl. [1, S. 332]).

[7] Zu jedem vollständig ausgearteten Fixtetraeder (U, t, ω) gibt es übrigens ∞^5 konsinguläre Grenzschraubungsgruppen. Gibt man weiters das Achsennetz längs t vor, so gehören noch ∞^3 koaxiale kontinuierliche Grenzschraubungen dazu.

metrisch zu jeder Erzeugenden. Da bei einer solchen Spiegelung die Schmieglinien c_α einzeln festbleiben, folgt daraus, daß F Sehnenmittenfläche einer beliebigen ihrer ∞^1 Schmieglinien ist und damit auf ∞^1 Arten als Schiebfläche erzeugt werden kann (vgl. [20, S. 232]); die Schiebkurven sind dabei die Kubiken $c_{\alpha\beta\gamma}$ mit $\beta = 1$.

2. Axiomatik und Bewegungsgruppe

2.1. Die dreigliedrige Gruppe G_3 der automorphen Kollineationen von F induziert in der Fläche F eine Geometrie, die im Folgenden „*F-Geometrie*" genannt werden soll. Zwei Figuren auf F hießen *F-kongruent*, wenn sie durch eine Transformation aus G_3 ineinander übergehen. Als *Punkte dieser Geometrie* verstehen wir die Punkte jener offenen zweidimensionalen Punktmenge auf F, die nach Aufschneiden von F längs der Ferntorsallinie t entsteht.

Zum Studium dieser Geometrie wird F zweckmäßig aus dem Fernkuspidalpunkt U auf die Ebene $z = 0$ projiziert („Grundriß"); diese Projektion ist eine eineindeutige Abbildung des Gebietes der F-Geometrie auf die affine Ebene $z = 0$ und die Tätigkeit der Gruppe G_3 auf F wird nach (9) beschrieben durch die affine Gruppe G_3':

$$\bar{x} = a_0 + a_1 x, \quad \bar{y} = b_0 + a_0 a_1 x + a_1^2 y \quad (a_1 \neq 0). \tag{17}$$

Die Grundrisse der Erzeugenden sind die y-Parallelen, die Schmieglinien c_α ergeben die im Fernpunkt der y-Achse einander hyperoskulierenden Parabeln c_α':

$$2y = x^2 + \alpha, \tag{18}$$

die durch y-parallele Schiebung ineinander übergehen[8]. Faßt man die Grundrißebene durch Auszeichnung des uneigentlichen Linienelements des Fernpunkts der y-Achse als isotrope Ebene[9] auf, so sind die Parabeln mit y-parallelen Achsen und den Gleichungen

$$z = 0, \quad \beta y = (x + \gamma)^2 + \alpha. \tag{19}$$

in diesem Sinn als Kreise anzusehen.

---

[8] Diese Tatsache kommt auch bei E. Müller–J. Krames [20, S. 231], W. Wunderlich [32, S. 115] und J. Krames [11, S. 245] vor.

[9] Alle im Folgenden verwendeten Eigenschaften der isotropen Ebene können etwa bei K. Strubecker [30] nachgeschlagen werden.

Nach (11) ist die Gesamtheit der ∞^3 Kubiken $c_{\alpha\beta\gamma}$ eineindeutig auf die Gesamtheit der isotropen Kreise (19) bezogen, die durch G_3', einer Untergruppe der fünfgliedrigen isotropen Ähnlichkeitsgruppe, gemäß (12) vertauscht werden. Die drei unabhängigen infinitesimalen Transformationen von G_3' lauten nach (14):

$$U_1'f = q, \; U_2'f = p + x\,q, \; U_3'f = x\,p + 2\,y\,q. \tag{20}$$

U_1' stellt eine y-parallele Schiebung dar, U_2' eine isotrope Drehung mit den Schmiegliniengrundrissen c_α' als Bahnkurven, während die Bahnkurven von U_3' jene isotropen Kreise durch den Ursprung sind, die dort die x-Achse berühren.

Nun muß der Begriff der *Geraden der F-Geometrie* erklärt werden. Die Geraden der Elementargeometrie sind die Bahnkurven der eingliedrigen Untergruppen der in der Bewegungsgruppe enthaltenen zweigliedrigen Schiebungsgruppe. Wir untersuchen daher zuerst, ob es in der dreigliedrigen F-Bewegungsgruppe G_3' eine zweigliedrige Untergruppe gibt, die zur zweigliedrigen Schiebungsgruppe ähnlich ist. Eine Untergruppe einer transitiven Gruppe ist zur Schiebungsgruppe ähnlich, wenn sie einfach transitiv und kommutativ ist (vgl. [14, S. 436]). Eine zweigliedrige Untergruppe von G_3' hat den Keim

$$V_1' = \lambda_1\,U_1' + \mu_1\,U_2' + \nu_1\,U_3', \; V_2' = \lambda_2\,U_1' + \mu_2\,U_2' + \nu_2\,U_3', \tag{21}$$

wobei jedoch die Poissonsche Klammer $(V_1'V_2')$ eine Linearkombination von V_1' und V_2' sein muß. Diese Gruppe ist kommutativ, wenn $(V_1'V_2') = 0$ und damit

$$\mu_1\,\nu_2 - \mu_2\,\nu_1 = \lambda_1\,\nu_2 - \lambda_2\,\nu_1 = 0 \tag{22}$$

gilt. Soll die Gruppe außerdem einfach transitiv sein, so sind die beiden infinitesimalen Transformationen (21) unabhängig, was bedeutet, daß von den Ausdrücken

$$\mu_1\,\nu_2 - \mu_2\,\nu_1, \; \lambda_1\,\nu_2 - \lambda_2\,\nu_1, \; \mu_1\,\lambda_2 - \mu_2\,\lambda_1 \tag{23}$$

mindestens einer von Null verschieden ist. Aus (22) und (23) folgt aber $\nu_1 = \nu_2 = 0$ und die fragliche Untergruppe hat daher zwei unabhängige infinitesimale Transformationen mit den Symbolen U_1' und U_2'. Diese Gruppe G_2' ist der Grundriß der Scherungsgruppe G_2, besteht wegen

$a_1 = 1$ in (17) aus flächentreuen Affinitäten und ist wegen (15) eine invariante Untergruppe von G'_3. Ihre eingliedrigen Untergruppen sind die y-parallelen Schiebungen und jene isotropen Drehungen der Grundrißebene, deren Bahnkurven isotrope Kreise (19) mit $\beta = 2$ sind. Diese Bahnkurven müssen als F-Geraden angesprochen werden, die sich somit zwingend aus der Struktur der Gruppe G_3 ergeben. Im Grundriß bilden sie das homaloide Kegelschnittnetz kongruenter Parabeln mit y-parallelen Achsen:

$$A(x^2 - 2y) + Bx + C = 0 \qquad (24)$$

mit $(A:B:C) \neq (O:O:C)$, zu denen für $A = O$ die y-Parallelen zu zählen sind.

Satz 3: *Die automorphen Kollineationen von F induzieren auf der Fläche eine Geometrie, deren Punkte jene Flächenpunkte sind, die nicht auf der Torsallinie liegen und deren Geraden außer den Erzeugenden und den Schmieglinien jene Kubiken auf F sind, die die Schmieglinien im Kuspidalpunkt oskulieren. Die F-Schiebungen sind die automorphen parabolischen Schiebungen und die automorphen Grenzschraubungen von F.*

2.2. Um kurz die Axiomatik der F-Geometrie zu untersuchen, erklären wir folgendes *analytische Modell* dieser Geometrie über dem Körper der reellen Zahlen: Ein F-*Punkt* ist ein geordnetes reelles Zahlenpaar (x, y), eine F-*Gerade* ein homogenes geordnetes Tripel reeller Zahlen $(A:B:C) \neq (O:O:C)$, wobei die *Inzidenzbedingung* die Gestalt (24) besitzt. Damit beweist man sofort die Gültigkeit der drei Inzidenzaxiome der ebenen Geometrie[10], wobei zum Beispiel die eindeutige Verbindungsgerade zweier verschiedener Punkte (x_1, y_1), (x_2, y_2) gegeben ist durch

$$\begin{vmatrix} x^2 - 2y & x & 1 \\ x_1^2 - 2y_1 & x_1 & 1 \\ x_2^2 - 2y_2 & x_2 & 1 \end{vmatrix} = 0. \qquad (25)$$

Da auf jeder F-Geraden der Fernpunkt der y-Achse weggeschnitten ist, kann ein *linearer Zwischenbegriff* erklärt werden, indem man etwa die

---

[10] Wir verwenden die Hilbertschen Axiome der Elementargeometrie in der leicht veränderten Form, wie sie bei N. W. Efimow [7] angeführt sind.

y-parallelen Projektionen der Punkte einer F-Geraden auf die x-Achse heranzieht: Ein Punkt P_3 liegt zwischen zwei Punkten P_1 und P_2, wenn gilt:

$$\begin{aligned} x_3 &= \lambda\, x_1 + (1-\lambda)\, x_2, \\ 2\, y_3 &= 2\, \lambda\, y_1 + 2\, (1-\lambda)\, y_2 + \lambda\, (\lambda-1)\, (x_1 - x_2)^2 \quad (0 < \lambda < 1); \end{aligned} \qquad (26)$$

die Erklärung (26) bleibt auch für die y-parallelen F-Geraden brauchbar. Damit können die drei Axiome der linearen Anordnung nachgewiesen werden. Beim *Axiom von Pasch* geht man wie folgt vor: Sind P_1, P_2, P_3 drei verschiedene Punkte, die nicht auf einer F-Geraden liegen und $g(A:B:C)$ eine F-Gerade, die keinen der Punkte P_j enthält, so gilt

$$A\,(x_j^2 - 2\,y_j) + B\,x_j + C \equiv \alpha_j \neq 0 \quad (j = 1, 2, 3). \qquad (27)$$

Enthält nun g einen Punkt P_0, der zwischen P_i und P_k liegt, so ist

$$\begin{aligned} x_0 &= \lambda\, x_i + (1-\lambda)\, x_k, \\ 2\, y_0 &= 2\, \lambda\, y_i + 2\, (1-\lambda)\, y_k + \lambda\, (\lambda-1)\, (x_i - x_k)^2 \quad (0 < \lambda < 1) \end{aligned} \qquad (28)$$

und daraus folgt:

$$\alpha_i\, \lambda + \alpha_k\, (1-\lambda) = 0. \qquad (29)$$

Wegen $0 < \lambda < 1$ ist *sign* $\alpha_i \neq$ *sign* α_k. Es muß daher α_l ($l \neq i, k$) das Vorzeichen genau von α_i oder α_k besitzen, zum Beispiel jenes von α_k. Dann existiert aber eine Zahl $0 < \lambda^* < 1$ so, daß

$$\alpha_l\, \lambda^* + \alpha_i\, (1-\lambda^*) = 0 \qquad (30)$$

gilt, und damit ist P^*

$$\begin{aligned} x^* &= \lambda^*\, x_l + (1-\lambda^*)\, x_i, \\ 2\, y^* &= 2\, \lambda^*\, y_l + 2\, (1-\lambda^*)\, y_i + \lambda^*\, (\lambda^* - 1)\, (x_l - x_i)^2 \end{aligned} \qquad (31)$$

nach (26) und (30) ein Punkt auf g zwischen P_l und P_i und das Axiom von Pasch gültig. Aus der Eineindeutigkeit der y-parallelen Projektion einer (nicht y-parallelen) F-Geraden auf die x-Achse folgt die Gültigkeit der *Stetigkeitsaxiome*. Zwei F-Geraden heißen *parallel*, wenn sie keinen F-Punkt gemeinsam haben; in unserem Modell bedeutet das:

Zwei verschiedene F-Geraden $(A_1:B_1:C_1)$, $(A_2:B_2:C_2)$ sind parallel, wenn $A_1:B_1 = A_2:B_2$ gilt. Damit folgt sofort die Gültigkeit des euklidischen Parallelenaxioms.

Satz 4: *Die F-Geometrie erfüllt die Inzidenzaxiome, die Anordnungsaxiome, die Stetigkeitsaxiome und das euklidische Parallelenaxiom einer ebenen Geometrie.*

Der Unterschied zwischen der Elementargeometrie und der F-Geometrie kann also nur in der anderen Struktur der Bewegungsgruppe begründet sein.

2.3. Zur Vereinfachung der F-Bewegungsgruppe G_3' führen wir die in ihr enthaltene zweigliedrige Gruppe G_2', die zur Schiebungsgruppe ähnlich ist, durch eine geeignete Koordinatentransformation in die *kanonische Form der Schiebungsgruppe* über. Das homaloide Netz der F-Geraden in der Grundrißebene geht durch eine geeignete Cremonatransformation in das Netz der euklidischen Geraden über, die nach (24) eine quadratische Transformation sein muß mit vereinigten Fundamentalpunkten im Fernpunkt der y-Achse. Die allgemeinste Transformation dieser Art lautet:

$$x^* = \lambda_1 x + \lambda_2, \quad y^* = \lambda_3 y - \frac{\lambda_3}{2} x^2 + \lambda_4; \tag{32}$$

sie ist speziell involutorisch, falls $\lambda_1^2 = 1$, $\lambda_2 = 0$, $\lambda_3 = -1$ gilt. Sieht man von y-parallelen Schiebungen und Spiegelungen an der y-Achse ab, existiert im wesentlichen eine einzige involutorische Transformation $\mathfrak{T}$:

$$x^* = x, \quad y^* = \frac{x^2}{2} - y. \tag{33}$$

Sie führt die y-parallelen Bildgeraden der Erzeugenden von F in sich über, jene isotropen Kreise c_α', die Grundrisse der Schmieglinien c_α auf F sind, in die x-Parallelen und schließlich die allgemeinen F-Geraden $c_{\alpha 2 \gamma}$ in die euklidischen Geraden

$$2 \gamma x^* + 2 y^* + \alpha + \gamma^2 = 0 \tag{34}$$

über. Die Gruppe G_3' geht durch $\mathfrak{T}$ über in die ähnliche Gruppe G_3^*

$$\overline{x}^* = a + b x^*, \quad \overline{y}^* = c + b^2 y^* \quad (b \neq 0), \tag{35}$$

wobei $a = a_0$, $b = a_1$, $2c = a_0^2 - 2b_0$ gesetzt wurde; speziell für $b = 1$ liegt die zweigliedrige Schiebungsgruppe in kanoischer Form vor. Faßt man die Koordinaten der Grundrißebene durch $\zeta = x + \varepsilon y$ mit $\varepsilon^2 = 0$ zu dualen Zahlen zusammen, so lautet die Transformation $\mathfrak{T}$, wenn $\widetilde{\zeta}$ die konjugiert duale Zahl zu ζ bedeutet:

$$\widetilde{\zeta}^* = 2\zeta : (2 + \varepsilon \zeta). \tag{36}$$

Das ist eine uneigentliche Möbiustransformation der isotropen Grundrißebene (vgl. [30, S. 350], [6]), und zwar eine Spiegelung an dem isotropen Kreis c'_{040}. Entsprechende Punkte ζ und ζ^* liegen je auf einer y-Parallelen p und symmetrisch zum Schnittpunkt von p mit c'_{040}. Die Punkte von c'_{040} sind die Fixpunkte dieser involutorischen Transformation.

Diese Transformation gestattet auch eine einfache räumliche Deutung. Dazu betrachten wir eine gewisse affine Grenzschraubung mit dem ausgearteten Fixtetraeder (U, t, ω). Sie läßt dual zu den ∞^1 einander in U hyperoskulierenden Fixfernkegelschnitten ∞^1 Kegel des Bündels U einzeln fest, die einander längs t mit ω als gemeinsamer Tangentialebene hyperoskulieren. Als diese Fixkegel, die bei uns parabolische Zylinder sind, wählen wir

$$4y = x^2 + \lambda. \tag{37}$$

Die Grenzschraubung soll ferner das durch F längs t bestimmte parabolische Netz (8) als Achsennetz besitzen, und damit ist eines der Gewinde (7) des Gewindebüschels durch dieses Netz das Normalgewinde dieser Schraubung, in dem die Fixkegelschnitte in ω und die Fixkegel (37) einander zugeordnet sind. Wählt man als dieses Gewinde speziell (3), so lauten die Fixkegelschnitte:

$$x_0 = x_1 x_3 - x_2^2 + \frac{\lambda}{4} x_1^2 = 0. \tag{38}$$

Die durch gleiche Werte von λ vermittelte Zuordnung zwischen den Kegeln (37) und den Kegelschnitten (38) legt die Grenzschraubung fest; zeichnet man jenen Kegelschnitt (38), der zum Wert $\lambda = 0$ gehört, als Maßgebilde M einer pseudoeuklidischen Metrik aus, so entspricht ihm im Normalgewinde ein parabolischer Zylinder $\widehat{M}$, auf welchem die im Sinne der Metrik isotropen Bahnkurven liegen, deren Tangenten den Maßkegelschnitt M treffen. Die Grenzschraubung gestattet kubische Automorphien, insbesondere eine axiale Inversion, bei der zugeordnete Punkte auf Strahlen des Achsennetzes harmonisch zum Schraubzylinder $\widehat{M}$ liegen[11]. Bei dieser axialen Inversion geht die Fläche F in sich über, ohne jedoch Schraubfläche der Grenzschraubung zu sein; die Schnittkurve von $\widehat{M}$ mit F, die Kubik c_{040}, bleibt dabei punktweise fest, und zugeordnete Punkte auf F liegen symmetrisch zu c_{040} in Richtung der Erzeugenden. Die Gleichung dieser axialen Inversion lautet:

$$x_0^* : x_1^* : x_2^* : x_3^* = x_0^3 : x_0^2 x_1 : \frac{x_0 x_1^2}{2} - x_0^2 x_2 : \frac{x_1^3}{2} - 2 x_0 x_1 x_2 + x_0^2 x_3; \tag{39}$$

ihr Grundriß fällt mit der quadratischen Transformation $\mathfrak{T}$ zusammen.

Die Fläche F gestattet übrigens ∞^1 axiale Inversionen dieser Art, die durch Anwendung der parabolischen Schiebung U_1 vertauscht werden. Die Fixpunkte liegen jeweils auf einer Kubik $c_{\lambda 40}$, und im Grundriß entstehen quadratische Transformationen, die sich in (32) durch die Werte von $\lambda_4 = \dfrac{\lambda}{2}$ unterscheiden[12]. Die Fläche F ist somit als Analogon zu von E. Müller [19, S. 231] untersuchten Flächen erkannt, welche im euklidischen Fall ∞^1 axiale Inversionen zulassen. Die Kurven $c_{\lambda 40}$ auf F sind im Rahmen der obigen pseudoeuklidischen Metrik die Orthogonaltrajektorien der Erzeugenden von F; sie schneiden die Erzeugenden nach pseudoeuklidisch kongruenten Strecken.

2.4. Die zur Gruppe der F-Bewegungen ähnliche Gruppe G_3^* kann noch auf andere Weise erhalten werden. Die Schmieglinien der Fläche F genügen der Differentialgleichung

$$d x (- x d x + d y) = 0 \tag{40}$$

und man erhält somit auf F spezielle Schmiegparameter u, v durch

---

[11] Die kubischen Automorphien projektiver Schraubungen mit nicht vollständig ausgearteten Fixtetraedern sind in [25] und [1, S. 342] behandelt; für den euklidischen Fall vergleiche auch [19].

[12] Die involutorischen Transformationen mit $\lambda_1 = -1$ in (32) sind axiale Involutionen, die im euklidischen Fall in [9, S. 2] vorkommen.

$$u = x, \quad v = \frac{x^2}{2} - y. \tag{41}$$

Übt man also auf die Grundrißebene die quadratische Transformation $\mathfrak{T}$ aus, so ist das Ergebnis nach (33) die Parameterebene der auf Schmieglinien bezogenen Fläche F mit der Gaußschen Darstellung

$$x = u, \quad y = \frac{u^2}{2} - v, \quad z = \frac{u^3}{6} - uv. \tag{42}$$

Der Parameter u wurde in 1.1 geometrisch gedeutet; beachtet man, daß vier Schmieglinien die Erzeugenden einer Strahlfläche nach festem Doppelverhältnis treffen und daß auf F die Fernleitgerade t zu den Schmieglinien zu zählen ist, so folgt:

Satz 5: *Ist u der Affinbogen auf den Schmieglinien von F, gezählt von ihren Schnittpunkten mit einer festen Erzeugenden $u = 0$, so stellt $u =$ $=$ konst. die Erzeugenden von F dar. Ist v das auf der Erzeugenden $u = 0$ gemessene Teilverhältnis zu den Schnittpunkten dieser Erzeugenden mit zwei verschiedenen Schmieglinien $v = 0$ und $v = 1$, so stellt $v =$ konst. die Schmieglinien auf F dar. In solchen Schmiegparametern u, v sind die F-Geraden durch lineare Gleichungen gegeben und die projektiven Automorphien von F induzieren auf F die Gruppe $G_3{}^*$*

$$\bar{u} = a + bu, \quad \bar{v} = c + b^2 v \quad (b \neq 0). \tag{43}$$

Die Fläche F gestattet also eine zweigliedrige Gruppe von Projektivitäten, die sich bei geeigneter Wahl der Schmiegparameter als Schiebungen darstellen. Diese Eigenschaft kommt außer den Cayleyschen Flächen auch ihren Projektivabwicklungen zu (vgl. [4, S. 138]). Die Gruppe der F-Bewegungen wird im Folgenden in der Gestalt $G_3{}^*$ in der Parameterebene (u, v) diskutiert. Die Transformationen von $G_3{}^*$ haben für $b = 1$ und $b = -1$, $c \neq 0$ keinen Fixpunkt, und es liegt im ersten Fall eine „F-Schiebung" vor, die mit einer euklidischen Schiebung identisch ist, im zweiten Fall eine (euklidische) Gleitspiegelung an einer v-Parallelen. Sie haben für $b^2 \neq 1$ genau einen Fixpunkt, und es bleiben die zu den Koordinatenachsen Parallelen durch diesen als Ganzes fest; bei einer solchen „F-Drehung" liegen Ur- und Bildpunkt geordnet auf einer der ∞^1 einzeln festbleibenden (euklidischen) Parabeln mit v-paralleler Achse und dem Scheitel im Fixpunkt. Eine F-Schiebung entsteht nach 1.3 und 1.4 aus einer automorphen Grenzschraubung von F, eine F-Drehung durch eine automorphe projektive Schraubung von F mit nicht ausgearteten Fixtetraeder. Für $b = -1$, $c = 0$ schließlich existieren ∞^1 Fixpunkte; diese „F-Spiegelungen" sind euklidische Spiegelungen an einer v-Parallelen und die einzigen involutorischen Transformationen in G_3^*. Sie entsprechen den pseudoeuklidischen Spiegelungen an den Erzeugenden von F. Die zweigliedrige nichteuklidische Bewegungsgruppe vom Keim U_1, U_3 bildet sich auf jene Transformationen aus G_3^* ab, welche die v-Achse als Ganzes festlassen, die zweigliedrige pseudoeuklidische Spiralungsgruppe U_2, U_3 auf jene Transformationen, bei denen die u-Achse festbleibt. In G_3^* liegen drei unabhängige infinitesimale Transformationen mit den Symbolen

$$U_1^* f = p, \; U_2^* f = q, \; U_3^* = u\,p + 2\,v\,q \qquad (44)$$

(wobei jetzt $\dfrac{\delta f}{\delta u} = p$, $\dfrac{\delta f}{\delta v} = q$ gesetzt wurde), und daraus folgt, daß die Bahnkurven ihrer von den Schiebungen verschiedenen eingliedrigen Untergruppen sämtlich Kegelschnitte sind, nämlich Parabeln, die im Fernpunkt der v-Achse die Ferngerade berühren.

2.5. Faßt man die Parameterebene als isotrope Ebene mit dem uneigentlichen Linienelement der v-Achse als absolutem Gebilde auf, so lautet die zugehörige *fünfgliedrige isotrope Ähnlichkeitsgruppe*

$$\overline{u} = a + b\,u, \; \overline{v} = c + d\,u + e\,v \quad (b\,.\,e \neq 0). \qquad (45)$$

Sie weist zwei Punkten (u_1, v_1) und (u_2, v_2) eine relativ invariante isotrope Entfernung $l = u_2 - u_1$ mit dem Längenmodul $\overline{l}:l = b$ und zwei Geraden $v = m_1 u + n_1$ und $v = m_2 u + n_2$ einen relativ invarianten isotropen Winkel $\varphi = m_2 - m_1$ mit dem Winkelmodul $\overline{\varphi}:\varphi = e:b$ zu. G_3^* ist somit jene dreigliedrige Untergruppe von (45), bei der der Fernpunkt der u-Achse festbleibt und der Längen- mit dem Winkelmodul übereinstimmt.

Satz 6: *Die F-Bewegungen bilden jene dreigliedrige Untergruppe der isotropen Ähnlichkeitsgruppe, bei deren Transformationen außer dem absoluten Linienelement noch der Fernpunkt der zum absoluten Fern-*

punkt (euklidisch) normalen Richtung festbleibt und der Längen- mit dem Winkelmodul übereinstimmt.

Die Gruppe G_3^* ist auch Untergruppe der *viergliedrigen pseudoeuklidischen (gleichsinnigen) Ähnlichkeitsgruppe,* die sich auf die Fernpunkte der u- und v-Achse stützt und die Darstellung

$$\bar{u} = a + bu, \ \bar{v} = c + dv \quad (b \cdot d \neq 0) \tag{46}$$

besitzt. u, v sind dabei isotrope Parameter der pseudoeuklidischen Ebene und der pseudoeuklidische Abstand zweier Punkte $l = \sqrt{(u_2 - u_1) \cdot (v_2 - v_1)}$ ist relativ invariant mit dem Längenmodul $\bar{l} : l = \sqrt{bd}$. Um die Gruppe G_3^* zu charakterisieren, betrachten wir die Differentialgleichungen der Bahnkurven der eingliedrigen Untergruppen von (46):

$$\frac{du}{dt} = \alpha + \beta u, \ \frac{dv}{dt} = \gamma + \delta v. \tag{47}$$

Die dreigliedrigen Untergruppen von (46) sind durch eine Beziehung zwischen $\alpha, \beta, \gamma, \delta$ gekennzeichnet. (47) besitzt für $\beta = 0, \delta \neq 0$ (oder $\beta \neq 0, \delta = 0$) transzendente Lösungskurven und ergibt für $\beta \cdot \delta \neq 0$ zur Anfangsbedingung $u(0) = u_0, v(0) = v_0$ integriert:

$$[(\alpha + \beta u) : (\alpha + \beta u_0)]^\delta = [(\gamma + \delta v) : (\gamma + \delta v_0)]^\beta. \tag{48}$$

Diese Kurven (48) sind für $\beta = \delta$ gerade Linien und genau dann Kegelschnitte, wenn $\beta : \delta = -1$ oder $\beta : \delta = 2$ bzw. $\beta : \delta = 1 : 2$ gilt. Der erste Fall führt auf $bd = 1$ und damit auf die pseudoeuklidischen Bewegungen, der zweite und der dritte Fall unterscheiden sich nur durch die Bezeichnung der Achsen und der dritte Fall liefert mit $d = b^2$ die Gruppe G_3^*. Geht man mittels

$$u = \xi + \eta, \ v = \xi - \eta \tag{49}$$

zu nichtisotropen pseudoeuklidischen Normalkoordinaten ξ, η über und setzt man $a + c = 2m, \ a - c = 2n, \ bd = \Lambda^2, \ b : d = e^{2\varphi}$, so erhält man aus (46) die pseudoeuklidischen gleichsinnigen Ähnlichkeiten in der Normalform (vgl. [22, S. 175]):

$$\bar{\xi} = m + \Lambda(\xi \operatorname{ch} \varphi + \eta \operatorname{sh} \varphi), \ \bar{\eta} = n + \Lambda(\xi \operatorname{sh} \varphi + \eta \operatorname{ch} \varphi). \tag{50}$$

Speziell $\Lambda = 1$ liefert die gleichsinnigen pseudoeuklidischen Bewegungen, während für G_3^* der Zusammenhang zwischen dem Modul Λ und dem pseudoeuklidischen Drehwinkel φ gegeben ist durch:

$$\Lambda = e^{-3\varphi}. \tag{51}$$

Das euklidische Analogon zu G_3^* besteht aus im allgemeinen imaginären euklidischen Ähnlichkeitstransformationen; nur jene sind reell, deren Drehanteil zu einem Drehwinkel gehört, der ein ganzzahliges Vielfaches von $\pi : 3$ ist.

Satz 7: *Die F-Bewegungsgruppe ist neben der pseudoeuklidischen Bewegungsgruppe die einzige dreigliedrige Untergruppe der pseudoeuklidischen Ähnlichkeitsgruppe, deren allgemeine eingliedrige Untergruppe Kegelschnitte als Bahnkurven besitzt.*

2.6. Die Gruppe G_3^* ist als Untergruppe der pseudoeuklidischen Ähnlichkeitsgruppe auch Untergruppe der sechsgliedrigen pseudoeuklidischen Möbiusgruppe und läßt sich daher räumlich als automorphe Kollineationsgruppe einer ringartigen Quadrik $\mathfrak{F}$ auffassen. Bei einer gleichsinnigen automorphen Kollineation von $\mathfrak{F}$ werden die Erzeugenden jeder Schar nur vertauscht und da G_3 die Schar der Erzeugenden von F einerseits und die Schar der Schmieglinien c_α von F andererseits festläßt, verlangen wir von jener Transformation $\mathfrak{K}$, welche F in $\mathfrak{F}$ und die Kollineationsgruppe G_3 in eine Kollineationsgruppe $\mathfrak{G}_3$ überführt, daß sie die Erzeugenden von F in die Erzeugenden einer Schar von $\mathfrak{F}$ und die Schmieglinien c_α von F in die Erzeugenden der anderen Schar von $\mathfrak{F}$ transformiert. Die Kubiken c_α hyperoskulieren einander in U; insgesamt gibt es ∞^4 die Kubik c_0 in U hyperoskulierende Kubiken mit den Gleichungen

$$y = \frac{x^2}{2} + Ax + B, \quad z = \frac{x^3}{6} + \frac{2Ax^2}{3} + Cx + D, \tag{52}$$

welche durch die Kollineationen aus G_3 nur vertauscht werden. Diese Kubiken verhalten sich im affinen Inzidenzraum wie die Geraden: Durch zwei verschiedene Punkte geht eine einzige Kubik (52), während durch einen Punkt ein Bündel von ∞^2 Exemplaren existiert. Anstelle (52) sind die Kubiken auch durch

$$y - \frac{x^2}{2} = Ax + B, \quad z + \frac{x^3}{6} - \frac{2xy}{3} = Ex + D \qquad (53\text{ a, b})$$

gegeben, wobei $3E = 3C - 2B$ gesetzt wurde. Zwei Kubiken (A_1, B_1, D_1, E_1) und (A_2, B_2, D_2, E_2) schneiden sich genau dann, wenn

$$(A_2 - A_1) \cdot (D_2 - D_1) - (B_2 - B_1) \cdot (E_2 - E_1) = 0 \qquad (54)$$

gilt. Die auf den Flächen (53 a) bzw. (53 b) liegenden je ∞^2 Kubiken schneiden sich also paarweise; dann besitzt aber auch jede Fläche des Flächengebüsches

$$\lambda \left(z + \frac{x^3}{6} - \frac{2xy}{3} \right) + \mu \left(y - \frac{x^2}{2} \right) + \nu x + \rho = 0 \qquad (55)$$

diese Eigenschaft. Es handelt sich (für $\lambda \neq 0$) um ∞^3 Cayleysche Flächen $\mathfrak{E}$ mit dem gemeinsamen Kuspidalelement (U, t, ω). Je zwei Flächen des Gebüsches haben eine Kubik (53) und die Ferntorsallinie 2. Ordnung t gemeinsam, die sechsfach gezählt als Grundkurve des Flächengebüsches (55) fungiert. Dieses Gebüsch 3. Ordnung ist homaloid und führt auf die kubische involutorische Cremonatransformation $\mathfrak{K}$:

$$\mathfrak{x} = x, \quad \mathfrak{y} = \frac{x^2}{2} - y, \quad \mathfrak{z} = \frac{x^3}{6} - \frac{2xy}{3} + z. \qquad (56)$$

Die Ebenen gehen dabei in die Cayleyschen Flächen $\mathfrak{E}$ über und die Geraden in die Kubiken (52), wobei jedoch die Treffgeraden von t wieder auf solche führen. Zugeordnete Punkte P und $\mathfrak{P}$ liegen geordnet auf Strahlen des Netzes

$$p_1 = 0, \quad 3 p_3 - p_6 = 0 \qquad (57\text{ a,b})$$

und symmetrisch zum Schnittpunkt des Verbindungsstrahles mit dem Zylinder $4y - x^2 = 0$, der punktweise festbleibt. Die Transformation (56) kann auch als axiale Inversion einer affinen Grenzschraubung mit dem Achsennetz (57) gedeutet werden, für die (57 b) das Normalengewinde abgibt und

$$x_0 = 3 x_1 x_3 - x_2^2 = 0 \qquad (58)$$

der Maßkegelschnitt ist. Die Cayleyschen Flächen $\mathfrak{E}$ sind die Bilder von Ebenen in einer axialen Inversion und daher als Analoga zu den Müllerschen Flächen 3. Ordnung [19, S. 223] anzusehen[13].

Durch $\mathfrak{K}$ gehen die Erzeugenden von F in die Erzeugenden der Bildfläche $\mathfrak{F}$ über und die Schmieglinien c_α von F in eine zweite Erzeugendenschar auf $\mathfrak{F}$, welche das hyperbolische Paraboloid mit der Gleichung

$$3\mathfrak{z} + \mathfrak{x}\mathfrak{y} = 0 \tag{59}$$

ist. Da G_3 die ∞^4 Kubiken (52) nur vertauscht und diese durch $\mathfrak{K}$ zu Geraden werden, geht G_3 durch $\mathfrak{K}$ in eine Kollineationsgruppe $\mathfrak{G}_3$ über, deren Gleichungen nach (9) und (56) lauten:

$$\bar{\mathfrak{x}} = a + b\,\mathfrak{x}, \quad \bar{\mathfrak{y}} = c + b^2\,\mathfrak{y}, \quad \bar{\mathfrak{z}} = -\frac{ac}{3} - \frac{bc}{3}\mathfrak{x} - \frac{ab^2}{3}\mathfrak{y} + b^3\mathfrak{z}. \tag{60}$$

Sie läßt $\mathfrak{F}$ als Ganzes fest und induziert auf dem hyperbolischen Paraboloid $\mathfrak{F}$ eine Geometrie, die nach Projektion aus dem Fernscheitel U von $\mathfrak{F}$ auf die Grundrißebene durch die Gruppe (43) gekennzeichnet wird. Bei den Kollineationen aus $\mathfrak{G}_3$ bleiben die Fernerzeugenden von $\mathfrak{F}$ einzeln fest und $\mathfrak{G}_3$ ist daher Untergruppe der achtgliedrigen Ähnlichkeitsgruppe jenes isotropen Raumes, dessen absolutes Gebilde diese Fernerzeugenden sind[14] und auch in jener viergliedrigen isotropen Ähnlichkeitsgruppe enthalten, welche die isotrope Kugel $\mathfrak{F}$ als Ganzes festläßt. Auf jeder der beiden Fixferngeraden liegt eine Projektivität vor mit einem Fixpunkt in U, während (für $b \neq 1$) der andere die Koordinaten

---

[13] Zu jeder affinen Grenzschraubung gehört ein tetraedraler Schraubtangentenkomplex, dessen Singularitätentetraeder vollständig entartet ist. Die Mongesche Gleichung eines tetraedralen Komplexes mit nicht ausgeartetem Singularitätentetraeder kann durch die von S. Lie eingeführte logarithmische Abbildung in die Mongesche Gleichung des Treffgeradenkomplexes eines Kegelschnittes übergeführt werden (vgl. [12, S. 490]). Im Falle eines vollständig ausgearteten Singularitätentetraeders ist die logarithmische Abbildung algebraisch, worauf F. Engel [18, S. 824] hinweist. Die kubische Transformation $\mathfrak{K}$ hängt in einfacher Weise mit der logarithmischen Abbildung des quadratischen Tangentenkomplexes einer gewissen Grenzschraubung zusammen; darüber werde ich an anderer Stelle berichten.

[14] Bezüglich der verwendeten Begriffe der Geometrie des isotropen Raumes vgl. [27].

$$0:0:3\,(b-1):a \quad \text{bzw.} \quad 0:3\,(b^2-1):0:c \tag{61}$$

besitzt. Für die Charakteristiken δ_1 bzw. δ_2 dieser Projektivitäten auf der Ferngeraden von $\mathfrak{x} = 0$ bzw. $\mathfrak{y} = 0$ berechnet man

$$\delta_1 = b \quad \text{bzw.} \quad \delta_2 = b^2 \tag{62}$$

woraus $\delta_2 = \delta_1^2$ folgt. Jede Kollineation aus $\mathfrak{G}_3$ besitzt außerdem einen weiteren Fixpunkt auf $\mathfrak{F}$, dessen Erzeugenden zu den Fixpunkten (61) zielen und einzeln festbleiben. Zu jedem solchen Fixtetraeder gehören noch ∞^2 automorphe Kollineationen von $\mathfrak{F}$, jedoch sind nur jene zur Gruppe $\mathfrak{G}_3$ gehörig, welche die Bedingung $\delta_2 = \delta_1^2$ erfüllen; die eingliedrigen Untergruppen sind projektive Schraubungen mit algebraischen Bahnkurven von maximal 3. Ordnung. Sie lassen alle Quadriken durch das windschiefe Erzeugendenvierseit einzeln fest. Speziell für $b = 1$, $a \cdot c \neq 0$ liegt auf den beiden Fernerzeugenden je eine parabolische Projektivität mit U als einzigem Fixpunkt vor. Auf $\mathfrak{F}$ existiert sonst kein Fixpunkt, und die Bahnkurven der eingliedrigen Untergruppen sind dann die Schnitte von $\mathfrak{F}$ mit den Fixebenen durch U; alle Ferngeraden durch U bleiben dabei als Ganzes fest, während eine einzige Parallelschar von Ebenen durch U sogar ebenenweise festbleibt. Diese Transformationen sind Grenzdrehungen des isotropen Raumes [28, S. 12] und entsprechen automorphen Grenzschraubungen von F. Speziell die isotropen windschiefen Schiebungen kommen unter ihnen für $b = 1$, $c = 0$ bzw. $b = 1$, $a = 0$ vor; sie entsprechen den automorphen parabolischen Schiebungen von F bzw. den automorphen Grenzschraubungen jener Gruppe, in welcher F Wendelfläche ist.

Satz 8: *Die Gruppe G_3 ist ähnlich jener dreigliedrigen Gruppe gleichsinnig automorpher Kollineationen einer ringartigen Quadrik $\mathfrak{F}$, bei deren Transformationen ein Punkt U von $\mathfrak{F}$ festbleibt und die Charakteristik auf der einen durch U gehenden Flächenerzeugenden gleich dem Quadrat der Charakteristik auf der anderen Erzeugenden durch U ist.*

3. Invarianten der Bewegungsgruppe

3.1 Die F-Geometrie wird durch die Invariantentheorie der Gruppe G_3^* gekennzeichnet. Um diese Invarianten zu bestimmen, gehen wir unter Bildung von $\dfrac{dv}{du} = v'$, $\dfrac{d^2v}{du^2} = v''$, ... zur erweiterten Gruppe von (43) über. Es gilt:

$$d\bar{u} = b\,du, \quad d\bar{v} = b^2\,dv \tag{63}$$

und damit

$$\bar{v}' = b\,v', \quad \bar{v}'' = v'', \quad \bar{v}''' = \frac{1}{b}\,v''', \quad \ldots, \quad \bar{v}^{(k)} = \frac{1}{b^{k-2}}\,v^{(k)}. \tag{64}$$

Daraus erhält man als *Bogenelement* der Gruppe

$$ds = \frac{1}{2}\,\frac{du}{v'}\,; \tag{65}$$

der Faktor 1 : 2 in (65) wurde zur Vereinfachung der folgenden Formeln eingeführt. Die induzierte Maßbestimmung ist additiv und keine Riemannsche Metrik[15]; da der Abstand nach (65) auch negativ sein kann und die Dreiecksungleichung im allgemeinen nicht erfüllt ist, liegt auch kein metrischer Raum vor. Die Eulersche Gleichung des zugehörigen Variationsproblems lautet $v'' = 0$ und die *F*-Geraden sind somit die Kurven stationärer Länge. Die 1. Differentialinvariante

$$J_2 = v'' \tag{66}$$

ist von 2. Ordnung. Allgemein gibt es im wesentlichen genau eine *Differentialinvariante k-ter Ordnung* ($k \geq 2$), nämlich

$$J_k = v'^{k-2}\,v^{(k)}. \tag{67}$$

Der *F-Abstand* zweier Punkte P_1, P_2 lautet nach (65)

$$P_1 P_2 = \frac{1}{2}\,\frac{(u_2 - u_1)^2}{v_2 - v_1}\,; \tag{68}$$

er ist mit einem Vorzeichen versehen und für zwei Punkte einer Erzeugenden auf *F* stets Null, für zwei Punkte auf einer Schmieglinie dagegen unendlich. Auf den Achsen der ∞^3 durch G_3^* zulässigen Koordinatensysteme kann daher der *F*-Abstand nicht als Koordinate

---

[15] Das Bogenelement (65) stimmt im wesentlichen überein mit dem Projektivbogenelement des Streifens 2. Ordnung, welcher *F* längs einer Flächenkurve umschrieben ist [4, S. 82].

verwendet werden. Auf diesen Achsen besitzen erst drei Punkte eine Invariante gegen G_3, nämlich ihr Teilverhältnis. In der euklidisch ausgemessenen Parameterebene läßt sich der F-Abstand wie folgt konstruieren: Die auf der u-Parallelen durch P_1 abzulesende Strecke Δu ist normal zur Verbindungsgeraden $P_1 P_2$ auf die v-Parallele durch P_1 zu projizieren; die Länge der orientierten Projektion ist die doppelte F-Entfernung $2 P_1 P_2$.

Alle Punkte $P(u,v)$, die von einem festen Punkt $M(u_0, v_0)$ konstante F-Entfernung ρ haben, liegen auf dem F-Abstandskreis

$$2\rho(v-v_0) = (u-u_0)^2 \tag{69}$$

und dieser ist nach (12) und (41) für $\rho \neq 0, \neq 1, \neq \infty$ auf F die Kubik $c_{\alpha\beta\gamma}$ mit

$$\alpha = \frac{\rho}{1-\rho}\left(2v_0 + \frac{u_0^2}{\rho-1}\right),\ \beta = \frac{2\rho}{\rho-1},\ \gamma = \frac{u_0}{\rho-1}. \tag{70}$$

Sie berührt in M die Schmiegtangente m, die in der Parameterebene als Scheiteltangente der Parabel (69) erscheint. Für $\rho = \infty$ erhält man nach (70) die Schmieglinie durch M als Grenzfall, für $\rho = 0$ die Erzeugende durch M und für $\rho = 1$ die ebene kubische Schnittparabel von F mit der Ebene durch U und m. Die zu einem Flächenpunkt M gehörigen ∞^1 F-Abstandskreise sind nach 2.4 die auf F liegenden Bahnkurven der durch M und m bestimmten F-Drehung.

Satz 9: *Die F-Geraden sind die Kurven stationärer F-Länge. Die F-Abstandskreise eines Punktes M sind die Bahnkurven der F-Drehung um M, also die Kubiken $c_{\alpha\beta\gamma}$ ($\beta \neq 2$) durch die Schmiegtangente m von M, zu denen als Grenzfälle die Erzeugende von M, die Schmieglinie durch M und der Schnitt von F mit der Ebene durch m und U gehören.*

Um einen F-*Winkel* zu erklären, beachten wir, daß bei den F-Bewegungen in der Parameterebene die Fernpunkte der u-Achse und der v-Achse einzeln festbleiben. Sind $du : dv$ und $\delta u : \delta v$ zwei Linienelemente durch einen Punkt, so ist das Doppelverhältnis $\left(\begin{matrix}1 & 0 \\ 0 & 1\end{matrix}, \dfrac{dv}{du}, \dfrac{\delta v}{\delta u}\right) =$
$= \dfrac{\delta v}{\delta u} : \dfrac{dv}{du}$ invariant gegen G_3^*; um die Additivität der Winkelmessung zu gewährleisten, setzen wir

$$\sphericalangle\left(\frac{dv}{du}, \frac{\delta v}{\delta u}\right) = \frac{1}{2} \log\left(\frac{\delta v}{\delta u} : \frac{dv}{du}\right). \tag{71}$$

Diese Winkelmessung stimmt bis auf die Realität der mit 1 : 2 auf der rechten Seite von (71) normierten Konstanten mit der pseudoeuklidischen Winkelmessung überein. Der Winkel zwischen (reellen) Richtungen ist reell, wenn die beiden Richtungen von keiner Schmiegtangente oder Erzeugenden getrennt werden, er ist Null für zusammenfallende Richtungen und unendlich, wenn eine der beiden Richtungen Schmiegtangente oder Erzeugende ist. Da der F-Winkel zwischen zwei Linienelementen speziell invariant gegen die Schiebungen der Gruppe G_2^* ist, kann man eine mit der Metrik verträgliche *Parallelverschiebung auf F* erklären, deren Autoparallelen die F-Geraden sind: Zwei Figuren auf F heißen parallel, wenn sie durch eine automorphe Grenzschraubung von F oder eine automorphe parabolische Schiebung ineinander übergehen. Der F-Winkel zwischen zwei Geraden $v = A_j u + B_j (j = 1, 2)$ lautet nach (71)

$$\sphericalangle(g_1, g_2) = \frac{1}{2} \log(A_2 : A_1) \tag{72}$$

und daraus folgert man: *Die F-Winkelsumme im Dreieck ist konstant gleich Null.*

3.2 Für eine Kurve $u = u(t)$, $v = v(t)$ nimmt die Differentialinvariante J_2 nach (66) den Wert

$$J_2 = \frac{\dot{u}\ddot{v} - \dot{v}\ddot{u}}{\dot{u}^3} \equiv \varkappa(t) \tag{73}$$

an, wobei der Punkt Differentiation nach t bedeutet. $\varkappa$ ist als *F-Krümmung* anzusprechen aus folgendem geometrischen Grund: Ist die Kurve speziell durch $v = v(u)$ gegeben, so gilt für den F-Bogen zwischen zwei Kurvenpunkten u_0 und u:

$$\Delta s = \frac{1}{2} \frac{(u-u_0)^2}{v-v_0} = \frac{1}{2}(u-u_0)^2 : \left[\left(\frac{dv}{du}\right)_0 (u-u_0) + \right.$$
$$\left. + \frac{1}{2}\left(\frac{d^2v}{du^2}\right)_0 (u-u_0)^2 + \ldots\right] \tag{74}$$

und für den F-Winkel der Tangenten in diesen beiden Punkten errechnet man:

$$\Delta \varphi = \frac{1}{2} \log \left[\left(\frac{dv}{du} \right)_u : \left(\frac{dv}{du} \right)_0 \right] = \frac{1}{2} \left(\frac{du}{dv} \right)_0 \left[\left(\frac{d^2 v}{du^2} \right)_0 (u - u_0) + \ldots \right]. \quad (75)$$

Durch Grenzübergang $u \to u_0$, erhält man

$$\lim_{u \to u_0} \frac{\Delta \varphi}{\Delta s} = \left(\frac{d^2 v}{du^2} \right)_0 = \varkappa(0), \quad (76)$$

und die F-Krümmung ist daher der Quotient aus dem F-Kontingenzwinkel zum F-Bogenelement. Der F-Bogen kann nach (65) auf einer stetig differenzierbaren Kurve als Parameter verwendet werden, wenn sie frei von Tangenten mit Erzeugenden- und Schmiegtangentenrichtung ist. Eine stetige Funktion $\varkappa = \varkappa(s)$ des F-Bogens s legt dann bis auf F-Bewegungen eine einzige Kurve fest. Aus (76) und (71) folgt nämlich

$$\varphi = \int_0^s \varkappa(\sigma) d\sigma = \frac{1}{2} \log \left[\left(\frac{dv}{du} \right)_s : \left(\frac{dv}{du} \right)_0 \right] \quad (77)$$

und damit

$$\left(\frac{dv}{du} \right)_s = \left(\frac{dv}{du} \right)_0 e^{2 \int_0^s \varkappa(\sigma) d\sigma}. \quad (78)$$

Andererseits ist nach (65)

$$\frac{ds}{du} = \frac{1}{2} \frac{du}{dv} \quad (79)$$

und das ergibt

$$u = u_0 + 2 \left(\frac{dv}{du} \right)_0 \int_0^s e^{2 \int_0^s \varkappa(\sigma) d\sigma} ds, \quad v = v_0 + 2 \left(\frac{dv}{du} \right)_0^2 \int_0^s e^{4 \int_0^s \varkappa(\sigma) d\sigma} ds. \quad (80)$$

Unter diesen durch die verschiedenen Anfangsbedingungen unterschiedenen Kurven kommt speziell eine Kurve durch das Element $u_0 = v_0 = 0$, $\left(\frac{dv}{du} \right)_0 = 1$ vor, für welche gilt:

$$U(s) = 2 \int_0^s e^{2 \int_0^s \varkappa(\sigma) d\sigma} ds, \quad V(s) = 2 \int_0^s e^{4 \int_0^s \varkappa(\sigma) d\sigma} ds; \quad (81)$$

$\varkappa(s)$ ist nach (73) ihre F-Krümmung und wegen $\left(\dfrac{dU}{ds}\right)^2 = 2\dfrac{dV}{ds}$ der Parameter s ihr F-Bogen. Die allgemeine Lösungskurve durch das Anfangselement u_0, v_0, $\left(\dfrac{dv}{du}\right) = b\,(\neq 0, \neq \infty)$, das keine Schmieg- oder Erzeugendenrichtung besitzt, lautet dann nach (80)

$$u(s) = u_0 + b\,U(s),\ v(s) = v_0 + b^2\,V(s) \tag{82}$$

und hängt mit der speziellen Lösungskurve (81) tatsächlich durch eine F-Bewegung zusammen. Speziell Kurven verschwindender F-Krümmung sind die F-Geraden, die Kurven konstanter F-Krümmung $\varkappa \neq 1$ die F-Abstandskreise $c_{\alpha\beta\gamma}$ vom F-Radius $\varrho = 1:\varkappa$, während sich für $\varkappa = 1$ die ebenen kubischen F-Abstandskreise und für $\varkappa = \infty$ die Erzeugenden von F ergeben.

Satz 10: *Die Differentialinvariante niedrigster Ordnung der F-Bewegungsgruppe läßt sich als Verhältnis von F-Kontingenzwinkel zu F-Bogenelement deuten und stellt als Funktion des F-Bogens die natürliche Gleichung dar. Die F-Krümmungskreise für nicht verschwindende konstante F-Krümmung $\varkappa$ sind mit den F-Abstandskreisen vom F-Radius $1:\varkappa$ identisch.*

Der Punkt $M(u_0, v_0)$ eines F-Kreises (69) mit $\varrho \neq 0, \neq \infty$, der euklidisch betrachtet der Scheitel der Parabel (69) ist, kann als F-Mitte des F-Kreises angesehen werden, da alle Punkte des F-Kreises von M konstante F-Entfernung besitzen und er der Fixpunkt einer F-Drehung mit den Bahnkreisen (69) ist. Diese F-Mitte M, die im Gegensatz zur euklidischen Geometrie auf dem F-Kreis liegt und zwar in jenem Punkt, dessen Tangente Schmiegtangente ist, besitzt weiters die Eigenschaft, daß alle F-Geraden durch ihn den F-Kreis unter dem konstanten F-Winkel $\dfrac{1}{2}\log 2$ treffen; dies folgt aus (69) und (72). Wir nennen im folgenden eine F-Gerade n, deren F-Winkel $\measuredangle(n, g)$ gegen eine Gerade g den Wert $\dfrac{1}{2}\log 2$ besitzt, das F-Lot zu g. Bei dieser Begriffsbildung kommt es auf die Reihenfolge der beiden Schenkel an. *Die F-Lote eines F-Kreises gehen alle durch seine F-Mitte.* Bei einer F-Drehung um M werden die F-Kreise so durchlaufen, daß Punkte, die auf einer u-Parallelen $v = v_1$ liegen, nach der Drehung wieder auf einer solchen $v = v_2$ sich befinden. Unter Verwendung von (69) und (72) errechnet man für den F-Drehwinkel $\Delta \varphi$, unter dem Anfangs- und Endpunkt der Drehung aus M erscheinen, den Wert

$$\Delta \varphi = \frac{1}{4} \log \frac{v_2 - v_0}{v_1 - v_0}. \tag{83}$$

Andererseits ist die F-Bogenlänge eines zulässigen F-Kreisbogens nach (65) und (69) bestimmt durch

$$\Delta s = \frac{1}{2\varkappa} \log \frac{u_2 - u_0}{u_1 - u_0} \tag{84}$$

und daraus folgt, daß F-Kreisbogen gleicher F-Bogenlänge Δs vom F-Mittelpunkt unter konstantem F-Winkel $\Delta \varphi$ erscheinen und zwar gilt wie in der euklidischen Geometrie: $\Delta \varphi = \varkappa \cdot \Delta s$.

Ist $v = v(u)$ eine Kurve k, so stellt die Gleichung

$$V - v(u) - \frac{1}{2} \frac{dv}{du} (U - u) = 0 \tag{85}$$

mit den laufenden Koordinaten U, V für festes u ein F-Lot von k dar und alle diese F-Lote umhüllen die F-*Evolute* von k mit der Parameterdarstellung:

$$U(u) = u - \frac{v'}{v''}, \qquad V(u) = v(u) - \frac{v'^2}{2v''}. \tag{86}$$

Wir bezeichnen jenen F-Kreis, der eine Kurve k in einem Punkt berührt und dessen konstante F-Krümmung mit der F-Krümmung von k im Berührungspunkt übereinstimmt, als F-*Krümmungskreis* von k. Ein solcher F-Krümmungskreis ist durch ein Element 2. Ordnung von k festgelegt und hat die Gleichung

$$v'' (U - u)^2 - 2 [V - v - v' (U - u)] = 0; \tag{87}$$

daraus berechnet man als Koordinaten seiner F-Mitte die Werte (86). Zusammengefaßt gilt:

Satz 11: *Die F-Lote einer Kurve k bilden mit der Kurve den konstanten*

F-Winkel $\frac{1}{2}\log 2$ und umhüllen die F-Evolute von k, die auch der Ort der F-Mitten der F-Krümmungskreise von k ist.

Viele elementare Kreiseigenschaften besitzen in der F-Geometrie kein Analogon, was seinen Grund vor allem darin hat, daß die euklidischen Kreise jenes absolute Punktepaar enthalten, welches die euklidische Winkelmessung regelt, während die F-Kreise nur durch einen der beiden Fixpunkte der Gruppe G_3^* hindurchgehen und dort die Ferngerade berühren. Daraus folgt zum Beispiel aus projektiven Eigenschaften der Kegelschnitte sofort, daß der Peripheriewinkelsatz ungültig ist.

3.3 Die Eigenschaft der F-Kreise, die Strahlen eines Büschels unter konstantem F-Winkel φ zu durchsetzen, kommt allgemein den F-*Spiralen* zu. Ist der Träger des Büschels speziell der Ursprung, so erfüllen diese Kurven nach (71) die Differentialgleichung

$$v'\, u - e^{2\varphi}\, v = 0, \tag{88}$$

deren Lösungen für ein beliebiges Zentrum (u_0, v_0) lauten:

$$v - v_0 = C\,(u - u_0)^q; \tag{89}$$

dabei wurde $q = exp\, 2\,\varphi$ gesetzt. Durch Differentiation von (88) erhält man

$$v''\, u^2 - v\,(q^2 - q) = 0 \tag{90}$$

und das bedeutet nach (65) und (66) geometrisch, daß zwischen dem F-Krümmungsradius ρ und dem F-Abstand r der Kurvenpunkte vom Büschelzentrum Proportionalität besteht in der Form:

$$r = \frac{q^2 - q}{2}\rho\,. \tag{91}$$

Speziell für $q = 2$ und $q = -1$ ergibt sich $r = \rho$; durch diese Beziehung, welche im euklidischen Fall die Kreise unter den Spiralen kennzeichnet, sind für $q = 2$ die F-Kreise und für $q = 1$ in der Parameterebene die gleichseitigen Hyperbeln durch die Fernpunkte der u- und v-Achse gekennzeichnet. Auf F entsprechen diese Kurven Raumkurven 4. Ordnung 2. Art, die die Fernebene in U mit der Tangentenrichtung t oskulieren und durch den Fernpunkt der y-Achse gehen; sie werden aus F durch ihre Trisekantenhyperboloide

$$3z - xy + u_0 x^2 + 2 v_0 x - 2 u_0 y - 2 u_0 v_0 - 2C = 0 \qquad (92)$$

ausgeschnitten.

Wir betrachten allgemein jene Kurven, für die der *F-Abstand* r von *einem festen Zentrum*, das wir zunächst in den Ursprung legen, *proportional zum F-Krümmungsradius* ρ ist, so daß $r = \lambda \rho$ längs der Kurve gilt. Nach (65) und (66) liefert das:

$$v'' u^2 - 2 \lambda v = 0. \qquad (93)$$

Durch die Substitution

$$v' = v : u\, w \qquad (94)$$

geht (93) über in

$$\frac{dw}{1 - w - 2 \lambda w^2} = \frac{du}{u} \qquad (95)$$

und damit erhält man unter Verwendung von (94) als Lösung von (93):

$$\int \frac{dv}{v} = \frac{n^2 - 1}{2} \int \frac{C u^n - 1}{(n-1) C u^{n+1} + (n+1) u}\, du; \qquad (96)$$

dabei wurde die Abkürzung $n = \sqrt{1 + 8\lambda}$ verwendet. Ist n eine ganze Zahl, so hat (96) algebraische Lösungen, deren einfachsten diskutiert werden sollen. Dabei genügt es $n \geqslant 0$ zu wählen, da die Ersetzung von C durch $-1 : C$ den Integranden zum Wert $-n$ in den zum Wert $+n$ überführt.

Für $n = 0$ erhält man bei allgemeinem Zentrum (u_0, v_0) in der Parameterebene die Kurven

$$(v - v_0)^2 - A(u - u_0) = 0, \qquad (97)$$

also Parabeln, welche im Fernpunkt der u-Achse die Ferngerade berühren, für $n = 1$ die u-Parallele durch das Zentrum. Von besonderem Interesse ist der Fall $n = 3$, also $\lambda = 1$. Unter Verwendung neuer Integrationskonstant lauten dann die Lösungskurven

$$(u - u_0) [(v - v_0) + A(u - u_0)^2] + B = 0. \qquad (98)$$

Das sind rationale Kubiken in der Parameterebene, die im Fernpunkt der v-Achse einen Knoten aufweisen, wobei die eine Tangente die Ferngerade ist und die andere die u-Parallele durch das Zentrum. Diese Tridenskurven [8, S. 117] zerfallen für $B = 0$ in je einen F-Kreis und die v-Parallele durch seine F-Mitte und für $A = 0$ in die F-Spiralen mit $q = 1$. Die Konstante A kann geometrisch gedeutet werden: Die F-Krümmung von (98) lautet nach (66)

$$\varkappa = -2A - \frac{2B}{(u-u_0)^3}, \qquad (99)$$

und daher ist $-2A$ der Grenzwert der F-Krümmung für $u \to \infty$, also für den die Ferngerade im Fernpunkt der v-Achse berührenden Zweig. Auf diesem Zweig ist der Fernpunkt ein sextaktischer Punkt und die F-Mitte des zugehörigen Schmiegkegelschnitts, eines gewissen F-Kreises mit der konstanten F-Krümmung $-2A$, ist das Zentrum von (98). Zu jedem solchen Zentrum gehören bei gegebenem A noch ∞^1 Kurven dieser Art, welche bei der F-Drehung um das Zentrum ineinander übergehen und daher eine F-Drehschar bilden. Auf der Fläche F sind diese Kurven die Schnitte von F mit den hyperbolischen Paraboloiden Φ

$$xy\left(3A + \frac{1}{2}\right) - 3z\left(A + \frac{1}{2}\right) - u_0\left(3A + \frac{1}{2}\right)x^2 + (3u_0^2 A - v_0)x +$$
$$+ u_0 y + u_0 v_0 - A u_0^3 + B = 0, \qquad (100)$$

welche die Fernebene in U berühren und t als Fernerzeugende besitzen. Der Restschnitt ist eine Raumkurve 4. Ordnung 2. Art mit Φ als Trisekantenhyperboloid. Jede solche Quartik wird in U von einer bestimmten Kubik $c_{\alpha\beta\gamma}$ mit $\beta = 2 : (1 + 2A)$ sechspunktig berührt; der Punkt dieser Kubik mit Schmiegtangentenrichtung ist das Zentrum der Quartik.

Speziell für $A = 1 : 6$ lauten die hyperbolischen Paraboloide Φ:

$$xy - 2z + u_0(y - x^2) + \left(\frac{u_0^2}{2} - v_0\right)x + u_0 v_0 - \frac{u_0^3}{6} + B = 0. \qquad (101)$$

Jede solche Fläche ist erste Polarfläche eines Raumpunktes $X(X_0 : X_1 : X_2 : X_3)$ mit

$$X_0 : X_1 : X_2 : X_3 = 1 : u_0 : \frac{u_0^2}{2} - v_0 : \frac{u_0^3}{6} - u_0 v_0 - B \qquad (102)$$

bezüglich F; die zugehörige Raumkurve 4. Ordnung 2. Art ist der Schnitt von (101) mit F und daher *wahrer Umriß* für das Zentrum (102). Speziell für die Punkte auf F ergibt sich $B = 0$ und die Umrißkurve zerfällt in eine Erzeugende und den F-Kreis $c_{\alpha\beta\gamma}$ mit $\beta = 3:2$ und dem Auge X als F-Mitte. Variiert B bei festem Zentrum (u_0, v_0), so durchläuft der Raumpunkt X nach (102) eine z-Parallele und die zugehörigen Umrißkurven bilden eine F-Drehschar mit dem Spurpunkt dieser z-Parallelen auf F als Zentrum. Nach 1.3 entsprechen die Exemplare einer solchen Drehschar einander in jener automorphen projektiven Schraubungsgruppe von F, die durch das Schmiegelement des Zentrums bestimmt ist. Für die Punkte der Fernebene, die nicht auf t liegen, erhält man als erste Polarflächen bezüglich F parabolische Zylinder durch t, die aus F die Parallelschattengrenzen ausschneiden. Diese sind F-Kreise $c_{\alpha\beta\gamma}$ mit $\beta = 1$, die nach [20, S. 233] mit jenen Schiebkurven auf F identisch sind, durch welche F (auf ∞^1 Arten) als Schiebfläche erzeugt werden kann.

3.4 Nun soll noch kurz auf die *F-Möbiusgeometrie* hingewiesen werden. Verstehen wir unter einem F-Kreisgebiet eine Menge von F-Kreisen ($\rho \neq 0, \neq \infty$), die sich bei einer stetigen eineindeutigen Zuordnung auf die Ebenen eines dreidimensionalen Hilfsraumes auf ein Ebenengebiet abbildet[16], so sind die *F*-Möbiustransformationen jene eineindeutigen stetigen und berührungstreuen Abbildungen zweier hinreichend kleiner F-Kreisgebiete, bei denen Punkte eineindeutig Punkten zugeordnet werden. Bezeichnen u, v, w mit x, y, z gleichliegende kartesische Koordinaten, in welchen die Parameterebene u, v die Gleichung $w = 0$ besitzt und ordnen wir jedem F-Kreis in $w = 0$ seine Projektion aus U auf den parabolischen Zylinder Γ

$$u^2 - 2w = 0, \tag{103}$$

der durch U geht, die Fernebene längs t und die Ebene $w = 0$ längs der v-Achse berührt, zu, so ist damit eine Abbildung der F-Kreise auf die ebenen Schnitte von Γ erklärt. Diese Zuordnung der F-Kreise (69) auf die Ebenen

---

[16] Es ist hier zweckmäßig, nicht eine Zuordnung auf ein Punktgebiet zu verwenden (vgl. dagegen [3, S. 3]).

$$2\,u_0\,u + 2\,\rho\,v - 2\,w - v_0\,\rho - u_0{}^2 = 0 \qquad (104)$$

besitzt obige Eigenschaften. Speziell den Punkten der Ebene $w = 0$ entsprechen eineindeutig bei obiger Projektion, die als stereographische Projektion von Γ aus U auf die Tangentialebene $w = 0$ gedeutet werden kann, die Punkte von Γ, und eine F-Möbiustransformation wird zu einer Transformation des Ebenenraumes, welche die Punkte von Γ nur vertauscht. Jede Gerade des Hilfraumes trägt zwei Punkte R, S von Γ und bestimmt ein Ebenenbüschel; bei Anwendung der Ebenentransformation müssen die entsprechenden Ebenen die beiden Bildpunkte von R und S auf Γ enthalten und daher selbst ein Ebenenbüschel bilden. Die Ebenentransformation ist somit linear und kann als automorphe Kollineation von Γ auf den projektiven Gesamtraum erweitert werden. Bei Ausweitung der F-Möbiustransformation auf die volle Parameterebene hat man also die Geraden, die den Ebenen durch U entsprechen, zu den F-Kreisen zu zählen, wobei jedoch die Gesamtheit der v-Parallelen, die Bilder der Erzeugenden von Γ sind, in sich übergeht. Weiters hat man durch Einführung uneigentlicher Punkte die Ebene $w = 0$ so zu erweitern, daß sie den Zusammenhang eines Kegels 2. Ordnung erhält, den man durch Wegschneiden der Spitze als offenes Kontinuum auffassen kann. Dazu muß man ∞^1 uneigentliche Punkte einführen entsprechend den von U und der Kegelspitze verschiedenen Punkte von t und einen uneigentlichen Punkt anderer Art entsprechend dem Projektionszentrum U. Analytisch schreibt sich die siebengliedrige Gruppe automorpher Kollineationen von Γ am besten unter Verwendung dualer Zahlen $\zeta = u + \varepsilon\,v$, $\alpha = a_1 + \varepsilon\,a_2$, $\beta = b_1 + \varepsilon\,b_2$, $\gamma = c_1 + \varepsilon\,c_2$, $\delta = d_1 + \varepsilon\,d_2$ und einer reellen Zahl λ in der Form:

$$\bar{u} + \lambda\,\varepsilon\,\bar{v} = (\alpha\,\zeta + \beta):(\gamma\,\zeta + \delta),\ (R(\alpha)\,R(\delta) - R(\beta)\,R(\gamma) \neq 0);\quad (105)$$

dabei sind den unendlich großen dualen Zahlen, die Quotient einer dualen Zahl mit nicht verschwindendem Realteil und einer rein dualen Zahl sind, in geeigneter Weise die uneigentlichen Punkte zuzuweisen (vgl. [10], [6]). Die F-Möbiustransformationen sind im allgemeinen *nicht F-konform*. Die Transformation (36) ist ein Beispiel für eine F-Möbiustransformation. Die Abbildungen (105) sind identisch mit den Möbiustransformationen jener isotropen Ebenen, welche sich auf das uneigentliche Linienelement der v-Achse stützt; ich habe die Möbius- und Laguerretransformationen sowie allgemeiner die Lieschen Kreistransformationen der isotropen Ebene ausführlich in [6] untersucht.

Da die Linienelemente v-paralleler Richtung durch (105) nur vertauscht werden, liegt genau dann eine *F-winkeltreue F-Möbiustransformation* vor, wenn auch die u-parallelen Linienelemente als Ganzes festbleiben. Das bedeutet im Hilfsraum, daß die Verbindungsgerade des Projektionszentrums U mit dem Fernpunkt der u-Achse festbleibt und damit U ein Fixpunkt der Kollineation ist. Dann bleibt auch die Ferngerade t von Γ fest, die somit weggeschnitten werden kann, so daß im Grundriß die affine Ebene als Schauplatz der F-konformen F-Möbiusgeometrie vorliegt. Da das Ebenenbündel U festbleibt, ist die F-Möbiustransformation dann geradentreu und lautet nach (105):

$$\bar{u} + \lambda \varepsilon \bar{v} = \alpha \zeta + \beta \quad (\alpha \text{ reell}, \neq 0). \tag{106}$$

Das ist die viergliedrige Gruppe der gleichsinnig ähnlichen pseudoeuklidischen Ähnlichkeitstransformationen (46). Diese Gruppe kann als F-Ähnlichkeitsgruppe angesehen werden. Sie besitzt den F-Winkel als absolute Invariante und läßt die F-Entfernungen relativ invariant mit dem Modul $\alpha \lambda$. Die eingliedrigen Untergruppen der F-Ähnlichkeitsgruppe besitzen daher Bahnkurven mit den Gleichungen (47) und das sind die F-Spiralen (89), wobei $q = \delta : \beta$ zu setzen ist. Bedeutet ψ den F-Winkel der Tangente einer F-Spirale gegen eine Anfangslage und s den zugehörigen F-Bogen, so ist $s \dfrac{d\psi}{ds}$ eine Invariante der F-Spirale gegen die F-Ähnlichkeitsgruppe und daher lauten die natürlichen Gleichungen der F-Spiralen:

$$\varkappa = c_1 : (c_2 s + c_3) \quad (c_j \text{ konstant}). \tag{107}$$

Satz 12: *Die F-Möbiustransformationen bilden eine zur siebengliedrigen Gruppe der automorphen Kollineationen eines Kegels 2. Ordnung isomorphe Gruppe, welche die Erzeugenden der Fläche F nur vertauscht. Die F-konformen F-Möbiustransformationen bilden die viergliedrige Gruppe der F-Ähnlichkeiten.*

Literatur

[1] R. Bereis und H. Brauner, Die automorphen involutorischen Korrelationen koaxialer Schraubungen. Sitzb. Akad. Wiss. Wien **165**, 327–355 (1956).

[2] W. Blaschke, Vorlesungen über Differentialgeometrie II. Affine Differentialgeometrie. Bearbeitet von K. Reidemeister. Berlin 1923.

[3] W. Blaschke, Vorlesungen über Differentialgeometrie III. Differentialgeometrie der Kreise und Kugeln. Bearbeitet von G. Thomsen. Berlin 1929.

[4] G. Bol, Projektive Differentialgeometrie, 2. Teil. Göttingen 1954.

[5] O. Bonnet, Note sur l'article precedent. Nouv. Ann. de Math. 2me serie IV, 267–271 (1865).

[6] H. Brauner, Kreisgeometrie in der isotropen Ebene (im Druck).

[7] N. W. Efimow, Höhere Geometrie. Berlin 1960.

[8] K. Fladt, Analytische Geometrie spezieller ebener Kurven. Frankfurt 1962.

[9] A. Frey und K. Strubecker, Die Transformationstheorie der quadratischen Linienkomplexe [(11) (22)] II. Journal f. r. u. ang. Math. **194**, 1–20 (1955).

[10] J. Grünwald, Über die dualen Zahlen und ihre Anwendungen in der Geometrie. Mh. Math. Phys. **17**, 81–136 (1906).

[11] J. Krames, Über kubische Schraublinien und Cayleysche Strahlflächen 3. Grades, Sitzb. Akad. Wiss. Wien **168**, 239–248 (1959).

[12] S. Lie, Weitere Untersuchungen über Minimalflächen. Archiv for Math. **4**, 477–506 (1880).

[13] S. Lie, Über Flächen, die infinitesimale und lineare Transformationen gestatten. Archiv for Math. **7**, 179–193 (1882).

[14] S. Lie und G. Scheffers, Vorlesungen über kontinuierliche Gruppen. Leipzig 1893.

[15] S. Lie und F. Engel, Theorie der Transformationsgruppen, 3. Teil. Leipzig 1893.

[16] S. Lie, Bestimmung aller Flächen, die eine kontinuierliche Schar projektiver Transformationen gestatten. Leipz. Ber. **47**, 209–260 (1895).

[17] S. Lie, Gesammelte Abhandlungen, 5. Band. Leipzig 1927.

[18] S. Lie, Gesammelte Abhandlungen, 1. Band. Leipzig 1934.

[19] E. Müller, Die achsiale Inversion. Jahrb. Dt. Math. Ver. XXV, 209–251 (1916).

[20] E. Müller und J. Krames, Vorlesungen über Darstellende Geometrie, III. Konstruktive Behandlung der Regelflächen. Leipzig und Wien 1931.

[21] H. Neudorfer, Konstruktion der Haupttangentenkurven auf Netzflächen. Sitzb. Akad. Wiss. Wien **134**, 206–214 (1925).

[22] P. K. Raschewski, Riemannsche Geometrie und Tensoranalysis. Berlin 1959.
[23] E. Study, Über einige imaginäre Minimalflächen. Ber. sächs. Gesell. Wiss. Leipzig **63**, 14—26 (1911).
[24] K. Strubecker, Über nichteuklidische Schraubungen, Mh. Math. Phys. **38**, 63—84 (1931).
[25] K. Strubecker, Über kubische Verwandtschaften bei nichteuklidischen Schraubungen. Sitzb. Akad. Wiss. Wien **140**, 545—578 (1931).
[26] K. Strubecker, Über Flächen mit zweigliedriger nichteuklidischer Bewegungsgruppe. Mh. Math. Phys. **44**, 51—59 (1936).
[27] K. Strubecker, Beiträge zur Geometrie des isotropen Raumes. Journal f. r. u. ang. Math. **178**, 135—173 (1938).
[28] K. Strubecker, Differentialgeometrie des isotropen Raumes I. Sitzb. Akad. Wiss. Wien **150**, 1—53 (1941).
[29] K. Strubecker, Beitrag zur kinematischen Abbildung. Mh. Math. **65**, 366—390 (1961).
[30] K. Strubecker, Geometrie in einer isotropen Ebene. Math. Nat. Unterricht **15**, 297—306, 343—351, 385—394 (1963).
[31] J. Wellstein, Isotrope Drehungen und Schraubungen. Festschrift zur 100-Jahrfeier der TH Karlsruhe, 142—150 (1925).
[32] W. Wunderlich, Über eine affine Verallgemeinerung der Grenzschraubung. Sitzb. Akad. Wiss. Wien **144**, 111—129 (1935).

GPSR Compliance
The European Union's (EU) General Product Safety Regulation (GPSR) is a set of rules that requires consumer products to be safe and our obligations to ensure this.

If you have any concerns about our products, you can contact us on

ProductSafety@springernature.com

In case Publisher is established outside the EU, the EU authorized representative is:

Springer Nature Customer Service Center GmbH
Europaplatz 3
69115 Heidelberg, Germany

www.ingramcontent.com/pod-product-compliance
Ingram Content Group UK Ltd.
Pitfield, Milton Keynes, MK11 3LW, UK
UKHW022233230426

12048UKWH00017BA/1223